1
_____
8) 26.00

2
_____
7) 32.00

3
_____
3) 37.00

4
_____
3) 35.00

5
_____
4) 38.00

        6
    ─────────
    5) 44.00

        7
    ─────────
    4) 45.00

        8
    ─────────
    2) 35.00

        9
    ─────────
    6) 44.00

        10
    ─────────
    7) 24.00

11
―――――
3) 44.00

12
―――――
7) 26.00

13
―――――
6) 31.00

14
―――――
6) 37.00

15
―――――
7) 29.00

16
---
8) 29.00

17
---
4) 27.00

18
---
5) 31.00

19
---
8) 28.00

20
---
7) 40.00

21
---
8) 38.00

22
---
6) 25.00

23
---
7) 39.00

24
---
6) 46.00

25
---
4) 25.00

26
___
6) 38.00

27
___
5) 32.00

28
___
8) 45.00

29
___
3) 28.00

30
___
5) 46.00

```
       31
     _____
  7) 44.00


       32
     _____
  7) 48.00


       33
     _____
  8) 44.00


       34
     _____
  7) 41.00


       35
     _____
  2) 33.00
```

36

─────────
6) 45.00

37

─────────
8) 25.00

38

─────────
7) 34.00

39

─────────
5) 37.00

40

─────────
8) 31.00

```
      41
    _____
 7) 30.00



      42
    _____
 4) 37.00



      43
    _____
 8) 47.00



      44
    _____
 8) 33.00



      45
    _____
 3) 43.00
```

46
_____
6) 40.00

47
_____
7) 47.00

48
_____
6) 41.00

49
_____
4) 46.00

50
_____
3) 32.00

```
      51
    _____
 8) 41.00


      52
    _____
 5) 41.00


      53
    _____
 5) 27.00


      54
    _____
 2) 41.00


      55
    _____
 6) 47.00
```

56
___
2) 39.00

57
___
7) 27.00

58
___
7) 37.00

59
___
3) 31.00

60
___
3) 29.00

61
———
5) 39.00

62
———
4) 31.00

63
———
7) 33.00

64
———
4) 41.00

65
———
2) 31.00

66
_____
4) 35.00

67
_____
5) 47.00

68
_____
2) 45.00

69
_____
6) 39.00

70
_____
8) 43.00

71

8) 46.00
―――――――

72

6) 27.00
―――――――

73

4) 42.00
―――――――

74

5) 38.00
―――――――

75

6) 34.00
―――――――

76

    _____
4) 43.00

77

    _____
7) 31.00

78

    _____
5) 43.00

79

    _____
5) 48.00

80

    _____
4) 34.00

```
      81
    _____
4)  29.00



      82
    _____
5)  42.00



      83
    _____
6)  28.00



      84
    _____
8)  42.00



      85
    _____
3)  38.00
```

86

_____
3) 25.00

87

_____
8) 34.00

88

_____
5) 34.00

89

_____
4) 39.00

90

_____
8) 36.00

91

___
2) 29.00

92

___
3) 47.00

93

___
8) 39.00

94

___
7) 45.00

95

___
8) 27.00

96

$$\frac{}{8)\ 30.00}$$

97

$$\frac{}{2)\ 47.00}$$

98

$$\frac{}{6)\ 33.00}$$

99

$$\frac{}{4)\ 30.00}$$

100

$$\frac{}{5)\ 28.00}$$

101
_____
3) 46.00

102
_____
2) 43.00

103
_____
5) 33.00

104
_____
2) 37.00

105
_____
6) 29.00

106
_____
7) 46.00

107
_____
7) 25.00

108
_____
7) 38.00

109
_____
5) 26.00

110
_____
6) 35.00

111

_____
4) 33.00

112

_____
8) 35.00

113

_____
2) 25.00

114

_____
7) 36.00

115

_____
4) 26.00

116
───────────
6) 32.00

117
───────────
3) 34.00

118
───────────
8) 37.00

119
───────────
4) 47.00

120
───────────
3) 40.00

121
_____
3) 26.00

122
_____
5) 29.00

123
_____
5) 36.00

124
_____
6) 43.00

125
_____
3) 41.00

126
---
5) 24.00

127
---
6) 26.00

128
---
2) 27.00

129
---
7) 43.00

130
---
7) 57.00

131
_____
8) 47.00

132
_____
11) 56.00

133
_____
12) 39.00

134
_____
10) 49.00

135
_____
12) 53.00

136

_____
10) 43.00

137

_____
11) 46.00

138

_____
9) 35.00

139

_____
12) 37.00

140

_____
11) 54.00

141
_____
10) 53.00

142
_____
9) 55.00

143
_____
12) 49.00

144
_____
12) 46.00

145
_____
7) 52.00

146
―――――
8) 50.00

147
―――――
9) 43.00

148
―――――
9) 39.00

149
―――――
12) 38.00

150
―――――
11) 49.00

151

_____
10) 48.00

152

_____
8) 57.00

153

_____
10) 44.00

154

_____
12) 52.00

155

_____
7) 36.00

156

7) 51.00

157

6) 39.00

158

8) 41.00

159

6) 41.00

160

12) 45.00

161
_____
7) 38.00

162
_____
10) 51.00

163
_____
6) 50.00

164
_____
7) 50.00

165
_____
6) 45.00

166
_____
8) 39.00

167
_____
6) 57.00

168
_____
7) 47.00

169
_____
7) 43.00

170
_____
12) 42.00

171

———————
10) 38.00

172

———————
7) 54.00

173

———————
10) 47.00

174

———————
9) 50.00

175

———————
12) 55.00

176

11) 51.00

177

10) 52.00

178

11) 37.00

179

12) 57.00

180

11) 52.00

181

9) 47.00
‾‾‾‾‾‾‾‾‾

182

12) 35.00
‾‾‾‾‾‾‾‾‾

183

6) 58.00
‾‾‾‾‾‾‾‾‾

184

9) 56.00
‾‾‾‾‾‾‾‾‾

185

9) 46.00
‾‾‾‾‾‾‾‾‾

186

_____
9) 37.00

187

_____
11) 39.00

188

_____
6) 35.00

189

_____
9) 40.00

190

_____
9) 51.00

```
      191
    _____
7)  55.00



      192
    _____
7)  44.00



      193
    _____
7)  58.00



      194
    _____
6)  40.00



      195
    _____
8)  38.00
```

196

6) 56.00

197

8) 45.00

198

11) 57.00

199

9) 58.00

200

12) 44.00

201

7) 45.00

202

7) 48.00

203

9) 52.00

204

8) 51.00

205

6) 46.00

206
―――――
11) 58.00

207
―――――
10) 45.00

208
―――――
6) 49.00

209
―――――
10) 57.00

210
―――――
7) 46.00

211

_____
10) 37.00

212

_____
6) 51.00

213

_____
10) 41.00

214

_____
7) 40.00

215

_____
11) 36.00

216

11) 40.00

217

11) 41.00

218

12) 50.00

219

8) 46.00

220

6) 38.00

221
----
9) 41.00

222
----
8) 54.00

223
----
8) 49.00

224
----
11) 53.00

225
----
11) 50.00

226
_____
12) 47.00

227
_____
6) 53.00

228
_____
9) 38.00

229
_____
8) 36.00

230
_____
9) 49.00

231

———————
7) 53.00

232

———————
10) 39.00

233

———————
6) 55.00

234

———————
7) 37.00

235

———————
7) 39.00

236
---
10) 35.00

237
---
8) 42.00

238
---
11) 42.00

239
---
12) 56.00

240
---
10) 36.00

241

   _____
9) 53.00

242

   _____
11) 47.00

243

   _____
9) 57.00

244

   _____
9) 42.00

245

   _____
8) 52.00

246

11) 35.00

247

10) 58.00

248

11) 48.00

249

6) 47.00

250

8) 53.00

251

———————
10) 56.00

252

———————
10) 55.00

253

———————
8) 35.00

254

———————
8) 58.00

255

———————
11) 43.00

256
_____
6) 37.00

257
_____
10) 42.00

258
_____
8) 43.00

259
_____
7) 41.00

260
_____
10) 54.00

261

_____
12) 40.00

262

_____
12) 51.00

263

_____
6) 44.00

264

_____
12) 43.00

265

_____
11) 38.00

266
_____
6) 52.00

267
_____
12) 41.00

268
_____
9) 48.00

269
_____
9) 44.00

270
_____
8) 37.00

271

$$\overline{8) \ 55.00}$$

272

$$\overline{8) \ 44.00}$$

273

$$\overline{12) \ 54.00}$$

274

$$\overline{12) \ 58.00}$$

275

$$\overline{6) \ 43.00}$$

276
_____
10) 46.00

277
_____
17) 55.00

278
_____
15) 66.00

279
_____
15) 49.00

280
_____
14) 77.00

281
―――――――
16) 70.00

282
―――――――
17) 77.00

283
―――――――
14) 68.00

284
―――――――
14) 63.00

285
―――――――
16) 66.00

286

17) 72.00

287

12) 64.00

288

15) 69.00

289

14) 52.00

290

17) 54.00

291

14) 50.00

292

16) 59.00

293

15) 76.00

294

12) 74.00

295

12) 52.00

296

13) 55.00

297

16) 77.00

298

13) 48.00

299

15) 55.00

300

16) 79.00

301
---
16) 52.00

302
---
13) 59.00

303
---
13) 68.00

304
---
17) 62.00

305
---
15) 63.00

```
    306
   _____
18) 71.00


    307
   _____
16) 61.00


    308
   _____
18) 73.00


    309
   _____
18) 69.00


    310
   _____
12) 56.00
```

311
―――――――
17) 53.00

312
―――――――
18) 64.00

313
―――――――
12) 73.00

314
―――――――
16) 69.00

315
―――――――
12) 65.00

316
_____
17) 71.00

317
_____
16) 73.00

318
_____
13) 75.00

319
_____
18) 70.00

320
_____
12) 79.00

321

_____
14) 78.00

322

_____
16) 55.00

323

_____
13) 50.00

324

_____
15) 57.00

325

_____
18) 57.00

326
_____
13) 72.00

327
_____
17) 80.00

328
_____
18) 78.00

329
_____
13) 54.00

330
_____
15) 77.00

331

17) 58.00

332

18) 56.00

333

13) 73.00

334

14) 65.00

335

15) 65.00

336
―――
14) 72.00

337
―――
16) 78.00

338
―――
15) 62.00

339
―――
15) 48.00

340
―――
12) 59.00

341
_____
12) 75.00

342
_____
12) 76.00

343
_____
12) 70.00

344
_____
17) 57.00

345
_____
17) 61.00

346
---
15) 51.00

347
---
17) 70.00

348
---
13) 64.00

349
---
12) 69.00

350
---
14) 57.00

351

12) 80.00

352

12) 55.00

353

14) 62.00

354

13) 57.00

355

13) 56.00

356
_____
16) 60.00

357
_____
17) 78.00

358
_____
13) 49.00

359
_____
13) 53.00

360
_____
15) 72.00

361

18) 63.00

362

18) 58.00

363

13) 51.00

364

18) 65.00

365

16) 63.00

366
———————
16) 56.00

367
———————
17) 73.00

368
———————
17) 75.00

369
———————
15) 64.00

370
———————
14) 73.00

371
_____
17) 79.00

372
_____
18) 62.00

373
_____
15) 50.00

374
_____
17) 76.00

375
_____
18) 67.00

376
_____
16) 54.00

377
_____
13) 66.00

378
_____
16) 68.00

379
_____
12) 71.00

380
_____
14) 51.00

381

18) 53.00

382

18) 49.00

383

13) 69.00

384

17) 74.00

385

13) 67.00

386
---
12) 68.00

387
---
12) 57.00

388
---
14) 54.00

389
---
15) 53.00

390
---
14) 60.00

391

12) 78.00

392

14) 71.00

393

12) 54.00

394

18) 66.00

395

18) 50.00

396
———————
15) 59.00

397
———————
14) 75.00

398
———————
18) 61.00

399
———————
16) 76.00

400
———————
17) 64.00

401

_____
14) 49.00

402

_____
18) 51.00

403

_____
16) 62.00

404

_____
16) 49.00

405

_____
17) 65.00

406
_____
15) 78.00

407
_____
14) 55.00

408
_____
13) 63.00

409
_____
16) 50.00

410
_____
14) 64.00

411

_____
18) 48.00

412

_____
16) 75.00

413

_____
18) 77.00

414

_____
14) 66.00

415

_____
16) 57.00

416

---
15) 80.00

417

---
18) 55.00

418

---
13) 71.00

419

---
13) 76.00

420

---
12) 61.00

```
      421
    _____
15)  74.00



      422
    _____
13)  70.00



      423
    _____
12)  53.00



      424
    _____
15)  56.00



      425
    _____
16)  51.00
```

426
_____
16) 53.00

427
_____
17) 67.00

428
_____
13) 61.00

429
_____
13) 58.00

430
_____
12) 67.00

431

14) 48.00

432

14) 76.00

433

14) 67.00

434

18) 59.00

435

16) 65.00

436

17) 49.00

437

18) 76.00

438

17) 56.00

439

18) 60.00

440

15) 68.00

441

---
14) 58.00

442

---
18) 52.00

443

---
12) 63.00

444

---
18) 68.00

445

---
15) 52.00

446
_____
15) 67.00

447
_____
13) 80.00

448
_____
18) 74.00

449
_____
14) 59.00

450
_____
12) 49.00

451
---
16) 67.00

452
---
13) 62.00

453
---
15) 71.00

454
---
13) 79.00

455
---
17) 63.00

```
      456
    _____
12) 62.00



      457
    _____
13) 77.00



      458
    _____
14) 80.00



      459
    _____
16) 71.00



      460
    _____
15) 70.00
```

461

15) 58.00

462

12) 66.00

463

13) 74.00

464

17) 52.00

465

15) 73.00

466

17) 60.00

467

18) 80.00

468

14) 61.00

469

16) 72.00

470

13) 60.00

471
———————
17) 50.00

472
———————
14) 53.00

473
———————
17) 48.00

474
———————
18) 75.00

475
———————
12) 51.00

476
---
14) 79.00

477
---
15) 61.00

478
---
14) 74.00

479
---
14) 69.00

480
---
16) 58.00

481

_____
15) 79.00

482

_____
12) 50.00

483

_____
16) 74.00

484

_____
15) 54.00

485

_____
12) 77.00

486
───────────
12) 58.00

487
───────────
17) 66.00

488
───────────
18) 79.00

489
───────────
17) 59.00

490
───────────
17) 69.00

491
_____
21) 107.00

492
_____
23) 90.00

493
_____
19) 79.00

494
_____
25) 95.00

495
_____
25) 94.00

496
_____
24) 68.00

497
_____
20) 117.00

498
_____
18) 96.00

499
_____
18) 100.00

500
_____
5) 112.00

1

```
       3    R: 2
8 ) 26
      24
       2
```

2

```
       4    R: 4
7 ) 32
      28
       4
```

3

```
      12    R: 1
3 ) 37
     36
      1
```

4

```
      11    R: 2
3 ) 35
     33
      2
```

5

```
       9    R: 2
4 ) 38
      36
       2
```

6

```
       8    R: 4
5 ) 4 4
      4 0
        4
```

7

```
      1 1   R: 1
4 ) 4 5
      4 4
        1
```

8

```
      1 7   R: 1
2 ) 3 5
      3 4
        1
```

9

```
       7    R: 2
6 ) 4 4
      4 2
        2
```

10

```
       3    R: 3
7 ) 2 4
      2 1
        3
```

11

```
       14    R: 2
   3 ) 44
         42
          2
```

12

```
        3    R: 5
   7 ) 26
         21
          5
```

13

```
        5    R: 1
   6 ) 31
         30
          1
```

14

```
        6    R: 1
   6 ) 37
         36
          1
```

15

```
        4    R: 1
   7 ) 29
         28
          1
```

16

```
        3    R: 5
  8 ) 29
       24
        5
```

17

```
        6    R: 3
  4 ) 27
       24
        3
```

18

```
        6    R: 1
  5 ) 31
       30
        1
```

19

```
        3    R: 4
  8 ) 28
       24
        4
```

20

```
        5    R: 5
  7 ) 40
       35
        5
```

21

```
      4    R: 6
8 ) 38
     32
      6
```

22

```
      4    R: 1
6 ) 25
     24
      1
```

23

```
      5    R: 4
7 ) 39
     35
      4
```

24

```
      7    R: 4
6 ) 46
     42
      4
```

25

```
      6    R: 1
4 ) 25
     24
      1
```

26

$$\begin{array}{r}6\\6\overline{\smash{)}38}\\\underline{36}\\2\end{array}\quad\text{R: }2$$

27

$$\begin{array}{r}6\\5\overline{\smash{)}32}\\\underline{30}\\2\end{array}\quad\text{R: }2$$

28

$$\begin{array}{r}5\\8\overline{\smash{)}45}\\\underline{40}\\5\end{array}\quad\text{R: }5$$

29

$$\begin{array}{r}9\\3\overline{\smash{)}28}\\\underline{27}\\1\end{array}\quad\text{R: }1$$

30

$$\begin{array}{r}9\\5\overline{\smash{)}46}\\\underline{45}\\1\end{array}\quad\text{R: }1$$

31
```
       6    R: 2
  7 ) 44
      42
       2
```

32
```
       6    R: 6
  7 ) 48
      42
       6
```

33
```
       5    R: 4
  8 ) 44
      40
       4
```

34
```
       5    R: 6
  7 ) 41
      35
       6
```

35
```
      16    R: 1
  2 ) 33
      32
       1
```

36

```
        7    R: 3
  6 ) 45
       42
        3
```

37

```
        3    R: 1
  8 ) 25
       24
        1
```

38

```
        4    R: 6
  7 ) 34
       28
        6
```

39

```
        7    R: 2
  5 ) 37
       35
        2
```

40

```
        3    R: 7
  8 ) 31
       24
        7
```

41
```
       4    R: 2
  7 ) 30
       28
        2
```

42
```
       9    R: 1
  4 ) 37
       36
        1
```

43
```
       5    R: 7
  8 ) 47
       40
        7
```

44
```
       4    R: 1
  8 ) 33
       32
        1
```

45
```
      14    R: 1
  3 ) 43
       42
        1
```

46

```
        6    R: 4
  6 ) 40
       36
        4
```

47

```
        6    R: 5
  7 ) 47
       42
        5
```

48

```
        6    R: 5
  6 ) 41
       36
        5
```

49

```
       11    R: 2
  4 ) 46
       44
        2
```

50

```
       10    R: 2
  3 ) 32
       30
        2
```

51

```
       5    R: 1
  8 ) 41
      40
       1
```

52

```
       8    R: 1
  5 ) 41
      40
       1
```

53

```
       5    R: 2
  5 ) 27
      25
       2
```

54

```
      20    R: 1
  2 ) 41
      40
       1
```

55

```
       7    R: 5
  6 ) 47
      42
       5
```

56

```
      19    R: 1
 2 ) 39
      38
       1
```

57

```
       3    R: 6
 7 ) 27
      21
       6
```

58

```
       5    R: 2
 7 ) 37
      35
       2
```

59

```
      10    R: 1
 3 ) 31
      30
       1
```

60

```
       9    R: 2
 3 ) 29
      27
       2
```

61
```
        7    R: 4
  5 ) 39
       35
        4
```

62
```
        7    R: 3
  4 ) 31
       28
        3
```

63
```
        4    R: 5
  7 ) 33
       28
        5
```

64
```
       10    R: 1
  4 ) 41
       40
        1
```

65
```
       15    R: 1
  2 ) 31
       30
        1
```

66
```
        8    R: 3
  4 ) 35
       32
        3
```

67
```
        9    R: 2
  5 ) 47
       45
        2
```

68
```
       22    R: 1
  2 ) 45
       44
        1
```

69
```
        6    R: 3
  6 ) 39
       36
        3
```

70
```
        5    R: 3
  8 ) 43
       40
        3
```

71

```
      5    R: 6
 8 ) 4 6
     40
      6
```

72

```
      4    R: 3
 6 ) 2 7
     24
      3
```

73

```
     10    R: 2
 4 ) 4 2
     40
      2
```

74

```
      7    R: 3
 5 ) 3 8
     35
      3
```

75

```
      5    R: 4
 6 ) 3 4
     30
      4
```

76

```
      10   R: 3
4 ) 43
      40
       3
```

77

```
       4   R: 3
7 ) 31
      28
       3
```

78

```
       8   R: 3
5 ) 43
      40
       3
```

79

```
       9   R: 3
5 ) 48
      45
       3
```

80

```
       8   R: 2
4 ) 34
      32
       2
```

81

```
      7    R: 1
4 ) 29
     28
      1
```

82

```
      8    R: 2
5 ) 42
     40
      2
```

83

```
      4    R: 4
6 ) 28
     24
      4
```

84

```
      5    R: 2
8 ) 42
     40
      2
```

85

```
     12    R: 2
3 ) 38
     36
      2
```

86

```
        8    R: 1
   3 ) 25
       24
        1
```

87

```
        4    R: 2
   8 ) 34
       32
        2
```

88

```
        6    R: 4
   5 ) 34
       30
        4
```

89

```
        9    R: 3
   4 ) 39
       36
        3
```

90

```
        4    R: 4
   8 ) 36
       32
        4
```

91
```
      14    R: 1
  2 ) 29
       28
        1
```

92
```
      15    R: 2
  3 ) 47
       45
        2
```

93
```
       4    R: 7
  8 ) 39
       32
        7
```

94
```
       6    R: 3
  7 ) 45
       42
        3
```

95
```
       3    R: 3
  8 ) 27
       24
        3
```

96

```
        3    R: 6
 8 ) 30
       24
        6
```

97

```
       23    R: 1
 2 ) 47
       46
        1
```

98

```
        5   R: 3
 6 ) 33
       30
        3
```

99

```
        7   R: 2
 4 ) 30
       28
        2
```

100

```
        5   R: 3
 5) 28
       25
        3
```

101

```
      15   R: 1
3 ) 46
     45
      1
```

102

```
      21   R: 1
2 ) 43
     42
      1
```

103

```
       6   R: 3
5 ) 33
     30
      3
```

104

```
      18   R: 1
2 ) 37
     36
      1
```

105

```
       4   R: 5
6 ) 29
     24
      5
```

106

```
        6     R: 4
 7 ) 4 6
     4 2
       4
```

107

```
        3     R: 4
 7 ) 2 5
     2 1
       4
```

108

```
        5     R: 3
 7 ) 3 8
     3 5
       3
```

109

```
        5     R: 1
 5 ) 2 6
     2 5
       1
```

110

```
        5     R: 5
 6 ) 3 5
     3 0
       5
```

111
```
      8    R: 1
4 ) 33
      32
       1
```

112
```
      4    R: 3
8 ) 35
      32
       3
```

113
```
     12    R: 1
2 ) 25
     24
      1
```

114
```
      5    R: 1
7 ) 36
      35
       1
```

115
```
  6    R: 2
4 ) 26
     24
      2
```

116

```
        5    R: 2
 6 ) 32
       30
        2
```

117

```
       11    R: 1
 3 ) 34
       33
        1
```

118

```
        4    R: 5
 8 ) 37
       32
        5
```

119

```
       11    R: 3
 4 ) 47
       44
  3
```

120

```
       13    R: 1
 3 ) 40
       39
  1
```

121

```
       8    R: 2
   3 )26
         24
     2
```

122

```
       5    R: 4
   5 )29
         25
     4
```

123

```
       7    R: 1
   5 )36
         35
     1
```

124

```
       7    R: 1
   6 )43
         42
     1
```

125

```
      13    R: 2
   3 )41
         39
     2
```

126

```
        4     R: 4
  5 ) 24
       20
    4
```

127

```
        4     R: 2
  6 ) 26
       24
    2
```

128

```
       13     R: 1
  2 ) 27
       26
    1
```

129

```
        6     R: 1
  7 ) 43
       42
    1
```

130

```
        8     R: 1
  7 ) 57
       56
    1
```

131

```
       5    R: 7
  8 ) 47
        40
   7
```

132

```
        5    R: 1
  11 ) 56
         55
    1
```

133

```
        3    R: 3
  12 ) 39
         36
    3
```

134

```
        4    R: 9
  10 ) 49
         40
    9
```

135

```
        4    R: 5
  12 ) 53
         48
    5
```

136
```
        4     R: 3
10 ) 43
       40
  3
```

137
```
        4     R: 2
11 ) 46
       44
  2
```

138
```
       3     R: 8
 9 ) 35
      27
       8
```

139
```
        3     R: 1
12 ) 37
       36
        1
```

140
```
        4     R: 10
11 ) 54
       44
       10
```

141
```
         5    R: 3
   10 ) 53
        50
         3
```

142
```
         6    R: 1
    9 ) 55
        54
         1
```

143
```
         4    R: 1
   12 ) 49
        48
         1
```

144
```
         3    R: 10
   12 ) 46
        36
        10
```

145
```
         7    R: 3
    7 ) 52
        49
         3
```

146

$$\begin{array}{r} 6 \text{R: } 2 \\ 8\,)\,50 \\ \underline{48} \\ 2 \end{array}$$

147

$$\begin{array}{r} 4 \text{R: } 7 \\ 9\,)\,43 \\ \underline{36} \\ 7 \end{array}$$

148

$$\begin{array}{r} 4 \text{R: } 3 \\ 9\,)\,39 \\ \underline{36} \\ 3 \end{array}$$

149

$$\begin{array}{r} 3 \text{R: } 2 \\ 12\,)\,38 \\ \underline{36} \\ 2 \end{array}$$

150

$$\begin{array}{r} 4 \text{R: } 5 \\ 11\,)\,49 \\ \underline{44} \\ 5 \end{array}$$

151

```
        4     R: 8
   10 ) 48
        40
         8
```

152

```
        7     R: 1
    8 ) 57
        56
         1
```

153

```
        4     R: 4
   10 ) 44
        40
         4
```

154

```
        4     R: 4
   12 ) 52
        48
         4
```

155

```
        5     R: 1
    7 ) 36
        35
         1
```

156

```
       7    R: 2
  7 ) 51
       49
        2
```

157

```
       6    R: 3
  6 ) 39
       36
        3
```

158

```
       5    R: 1
  8 ) 41
       40
        1
```

159

```
       6    R: 5
  6 ) 41
       36
        5
```

160

```
        3    R: 9
  12 ) 45
        36
         9
```

161

```
        5    R: 3
  7 ) 38
       35
        3
```

162

```
        5    R: 1
 10 ) 51
       50
        1
```

163

```
        8    R: 2
  6 ) 50
       48
        2
```

164

```
        7    R: 1
  7 ) 50
       49
        1
```

165

```
        7    R: 3
  6 ) 45
       42
        3
```

166

```
       4    R: 7
  8 ) 39
       32
        7
```

167

```
       9    R: 3
  6 ) 57
       54
        3
```

168

```
       6    R: 5
  7 ) 47
       42
        5
```

169

```
       6    R: 1
  7 ) 43
       42
        1
```

170

```
        3   R: 6
  12 ) 42
        36
         6
```

171
```
        3    R: 8
10 ) 38
       30
        8
```

172
```
        7   R: 5
7 ) 54
      49
       5
```

173
```
        4    R: 7
10 ) 47
       40
        7
```

174
```
        5   R: 5
9 ) 50
      45
       5
```

175
```
        4    R: 7
12 ) 55
       48
        7
```

176
```
        4    R: 7
  11 ) 51
       44
        7
```

177
```
        5    R: 2
  10 ) 52
       50
        2
```

178
```
        3    R: 4
  11 ) 37
       33
        4
```

179
```
        4    R: 9
  12 ) 57
       48
        9
```

180
```
        4    R: 8
  11 ) 52
       44
        8
```

181
```
       5    R: 2
  9 ) 47
      45
       2
```

182
```
       2    R: 11
 12 ) 35
      24
      11
```

183
```
       9    R: 4
  6 ) 58
      54
       4
```

184
```
       6    R: 2
  9 ) 56
      54
       2
```

185
```
       5    R: 1
  9 ) 46
      45
       1
```

186.

```
       4     R: 1
  9 ) 37
      36
       1
```

187.

```
        3    R: 6
  11 ) 39
       33
        6
```

188.

```
       5     R: 5
  6 ) 35
      30
       5
```

189.

```
       4     R: 4
  9 ) 40
      36
       4
```

190.

```
       5     R: 6
  9 ) 51
      45
       6
```

191

```
      7    R: 6
7 ) 55
     49
      6
```

192

```
      6    R: 2
7 ) 44
     42
      2
```

193

```
      8    R: 2
7 ) 58
     56
      2
```

194

```
      6    R: 4
6 ) 40
     36
      4
```

195

```
      4    R: 6
8 ) 38
     32
      6
```

196

```
        9    R: 2
  6 ) 56
       54
        2
```

197

```
        5    R: 5
  8 ) 45
       40
        5
```

198

```
        5    R: 2
 11 ) 57
       55
        2
```

199

```
        6    R: 4
  9 ) 58
       54
        4
```

200

```
        3    R: 8
 12 ) 44
       36
        8
```

201
```
      6    R: 3
 7 ) 45
     42
      3
```

202
```
      6    R: 6
 7 ) 48
     42
      6
```

203
```
      5    R: 7
 9 ) 52
     45
      7
```

204
```
      6    R: 3
 8 ) 51
     48
      3
```

205
```
      7    R: 4
 6 ) 46
     42
      4
```

206

```
        5    R: 3
11 ) 58
       55
        3
```

207

```
        4    R: 5
10 ) 45
       40
        5
```

208

```
        8    R: 1
 6 ) 49
       48
        1
```

209

```
        5    R: 7
10 ) 57
       50
        7
```

210

```
        6    R: 4
 7 ) 46
       42
        4
```

211

```
      3    R: 7
10 ) 37
     30
      7
```

212

```
      8   R: 3
 6 ) 51
     48
      3
```

213

```
      4   R: 1
10 ) 41
     40
      1
```

214

```
      5   R: 5
 7 ) 40
     35
      5
```

215

```
      3   R: 3
11 ) 36
     33
      3
```

216

```
         3     R: 7
   11 ) 40
        33
         7
```

217

```
         3     R: 8
   11 ) 41
        33
         8
```

218

```
         4     R: 2
   12 ) 50
        48
         2
```

219

```
         5     R: 6
    8 ) 46
        40
         6
```

220

```
         6     R: 2
    6 ) 38
        36
         2
```

221
```
        4     R: 5
    9 ) 41
        36
         5
```

222
```
        6     R: 6
    8 ) 54
        48
         6
```

223
```
        6     R: 1
    8 ) 49
        48
         1
```

224
```
         4     R: 9
    11 ) 53
         44
          9
```

225
```
         4     R: 6
    11 ) 50
         44
          6
```

226

```
         3     R: 11
  12 ) 47
        36
        11
```

227

```
         8     R: 5
   6 ) 53
        48
         5
```

228

```
         4     R: 2
   9 ) 38
        36
         2
```

229

```
         4     R: 4
   8 ) 36
        32
         4
```

230

```
         5     R: 4
   9 ) 49
        45
         4
```

231
```
        7    R: 4
  7 ) 53
       49
        4
```

232
```
        3    R: 9
 10 ) 39
       30
        9
```

233
```
        9    R: 1
  6 ) 55
       54
        1
```

234
```
        5    R: 2
  7 ) 37
       35
        2
```

235
```
        5    R: 4
  7 ) 39
       35
        4
```

236

```
        3    R: 5
  10 ) 35
       30
        5
```

237

```
        5   R: 2
   8 ) 42
       40
        2
```

238

```
        3    R: 9
  11 ) 42
       33
        9
```

239

```
        4    R: 8
  12 ) 56
       48
        8
```

240

```
        3    R: 6
  10 ) 36
       30
        6
```

241

```
       5    R: 8
  9 ) 53
      45
       8
```

242

```
       4    R: 3
 11 ) 47
      44
       3
```

243

```
       6    R: 3
  9 ) 57
      54
       3
```

244

```
       4    R: 6
  9 ) 42
      36
       6
```

245

```
       6    R: 4
  8 ) 52
      48
       4
```

246

```
       3    R: 2
11 ) 35
      33
       2
```

247

```
       5    R: 8
10 ) 58
      50
       8
```

248

```
       4    R: 4
11 ) 48
      44
       4
```

249

```
       7    R: 5
 6 ) 47
      42
       5
```

250

```
       6    R: 5
 8 ) 53
      48
       5
```

251

```
        5    R: 6
  10 ) 56
       50
        6
```

252

```
        5    R: 5
  10 ) 55
       50
        5
```

253

```
       4    R: 3
  8 ) 35
      32
       3
```

254

```
       7    R: 2
  8 ) 58
      56
       2
```

255

```
        3    R: 10
  11 ) 43
       33
       10
```

256

```
        6    R: 1
 6 ) 37
       36
        1
```

257

```
        4    R: 2
10 ) 42
       40
        2
```

258

```
        5    R: 3
 8 ) 43
       40
        3
```

259

```
        5    R: 6
 7 ) 41
       35
        6
```

260

```
        5    R: 4
10 ) 54
       50
        4
```

261
```
        3    R: 4
 12 ) 40
       36
        4
```

262
```
        4    R: 3
 12 ) 51
       48
        3
```

263
```
        7    R: 2
  6 ) 44
       42
        2
```

264
```
        3    R: 7
 12 ) 43
       36
        7
```

265
```
        3    R: 5
 11 ) 38
       33
        5
```

266

```
         8    R: 4
    6 ) 52
         48
          4
```

267

```
          3    R: 5
    12 ) 41
          36
           5
```

268

```
         5    R: 3
    9 ) 48
         45
          3
```

269

```
         4    R: 8
    9 ) 44
         36
          8
```

270

```
         4    R: 5
    8 ) 37
         32
          5
```

271

```
       6    R: 7
  8 ) 55
      48
       7
```

272

```
       5    R: 4
  8 ) 44
      40
       4
```

273

```
        4    R: 6
  12 ) 54
       48
        6
```

274

```
        4    R: 10
  12 ) 58
       48
       10
```

275

```
       7    R: 1
  6 ) 43
      42
       1
```

276
```
          4      R: 6
    10 ) 46
         40
          6
```

277
```
          3      R: 4
    17 ) 55
         51
          4
```

278
```
          4      R: 6
    15 ) 66
         60
          6
```

279
```
          3      R: 4
    15 ) 49
         45
          4
```

280
```
          5      R: 7
    14 ) 77
         70
          7
```

281

```
        4     R: 6
  16 ) 70
       64
        6
```

282

```
        4     R: 9
  17 ) 77
       68
        9
```

283

```
        4     R: 12
  14 ) 68
       56
       12
```

284

```
        4     R: 7
  14 ) 63
       56
        7
```

285

```
        4     R: 2
  16 ) 66
       64
        2
```

286

```
        4    R: 4
17 ) 72
     68
      4
```

287

```
        5    R: 4
12 ) 64
     60
      4
```

288

```
        4    R: 9
15 ) 69
     60
      9
```

289

```
        3    R: 10
14 ) 52
     42
     10
```

290

```
        3    R: 3
17 ) 54
     51
      3
```

291

```
        3    R: 8
   14 ) 50
        42
         8
```

292

```
        3    R: 11
   16 ) 59
        48
        11
```

293

```
        5    R: 1
   15 ) 76
        75
         1
```

294

```
        6    R: 2
   12 ) 74
        72
         2
```

295

```
        4    R: 4
   12 ) 52
        48
         4
```

296

```
        4    R: 3
13 ) 55
     52
      3
```

297

```
        4    R: 13
16 ) 77
     64
     13
```

298

```
        3    R: 9
13 ) 48
     39
      9
```

299

```
        3    R: 10
15 ) 55
     45
     10
```

300

```
        4    R: 15
16 ) 79
     64
     15
```

301
```
       3    R: 4
  16 ) 52
       48
        4
```

302
```
       4    R: 7
  13 ) 59
       52
        7
```

303
```
       5    R: 3
  13 ) 68
       65
        3
```

304
```
       3    R: 11
  17 ) 62
       51
       11
```

305
```
       4    R: 3
  15 ) 63
       60
        3
```

306

```
          3    R: 17
    18 ) 71
         54
         17
```

307

```
          3    R: 13
    16 ) 61
         48
         13
```

308

```
          4    R: 1
    18 ) 73
         72
          1
```

309

```
          3    R: 15
    18 ) 69
         54
         15
```

310

```
          4    R: 8
    12 ) 56
         48
          8
```

311

```
         3    R: 2
   17 ) 53
        51
         2
```

312

```
         3    R: 10
   18 ) 64
        54
        10
```

313

```
         6    R: 1
   12 ) 73
        72
         1
```

314

```
         4    R: 5
   16 ) 69
        64
         5
```

315

```
         5    R: 5
   12 ) 65
        60
         5
```

316

```
        4     R: 3
17 ) 71
       68
        3
```

317

```
        4     R: 9
16 ) 73
       64
        9
```

318

```
        5     R: 10
13 ) 75
       65
       10
```

319

```
        3     R: 16
18 ) 70
       54
       16
```

320

```
        6     R: 7
12 ) 79
       72
        7
```

321

```
        5     R: 8
  14 ) 78
       70
        8
```

322

```
        3     R: 7
  16 ) 55
       48
        7
```

323

```
        3     R: 11
  13 ) 50
       39
       11
```

324

```
        3     R: 12
  15 ) 57
       45
       12
```

325

```
        3     R: 3
  18 ) 57
       54
        3
```

326

$$
\begin{array}{r}
5\text{R: }7 \\
13\,)\,72 \\
\underline{65} \\
7
\end{array}
$$

327

$$
\begin{array}{r}
4\text{R: }12 \\
17\,)\,80 \\
\underline{68} \\
12
\end{array}
$$

328

$$
\begin{array}{r}
4\text{R: }6 \\
18\,)\,78 \\
\underline{72} \\
6
\end{array}
$$

329

$$
\begin{array}{r}
4\text{R: }2 \\
13\,)\,54 \\
\underline{52} \\
2
\end{array}
$$

330

$$
\begin{array}{r}
5\text{R: }2 \\
15\,)\,77 \\
\underline{75} \\
2
\end{array}
$$

331
```
         3    R: 7
   17 ) 58
        51
         7
```

332
```
         3    R: 2
   18 ) 56
        54
         2
```

333
```
         5    R: 8
   13 ) 73
        65
         8
```

334
```
         4    R: 9
   14 ) 65
        56
         9
```

335
```
         4    R: 5
   15 ) 65
        60
         5
```

336

```
         5     R: 2
   14 ) 72
         70
          2
```

337

```
         4     R: 14
   16 ) 78
         64
         14
```

338

```
         4     R: 2
   15 ) 62
         60
          2
```

339

```
         3     R: 3
   15 ) 48
         45
          3
```

340

```
         4     R: 11
   12 ) 59
         48
         11
```

341
```
      6    R: 3
12 ) 75
     72
      3
```

342
```
      6    R: 4
12 ) 76
     72
      4
```

343
```
      5    R: 10
12 ) 70
     60
     10
```

344
```
      3    R: 6
17 ) 57
     51
      6
```

345
```
      3    R: 10
17 ) 61
     51
     10
```

346

```
         3     R: 6
   15 ) 51
         45
          6
```

347

```
         4     R: 2
   17 ) 70
         68
          2
```

348

```
         4     R: 12
   13 ) 64
         52
         12
```

349

```
         5     R: 9
   12 ) 69
         60
          9
```

350

```
         4     R: 1
   14 ) 57
         56
          1
```

351

```
         6    R: 8
    12 ) 80
        72
         8
```

352

```
         4    R: 7
    12 ) 55
        48
         7
```

353

```
         4    R: 6
    14 ) 62
        56
         6
```

354

```
         4    R: 5
    13 ) 57
        52
         5
```

355

```
         4    R: 4
    13 ) 56
        52
         4
```

356
```
         3     R: 12
   16 ) 60
        48
        12
```

357
```
         4     R: 10
   17 ) 78
        68
        10
```

358
```
         3     R: 10
   13 ) 49
        39
        10
```

359
```
         4     R: 1
   13 ) 53
        52
         1
```

360
```
         4     R: 12
   15 ) 72
        60
        12
```

361
```
        3    R: 9
   18 ) 63
        54
         9
```

362
```
        3    R: 4
   18 ) 58
        54
         4
```

363
```
        3    R: 12
   13 ) 51
        39
        12
```

364
```
        3    R: 11
   18 ) 65
        54
        11
```

365
```
        3    R: 15
   16 ) 63
        48
        15
```

366
```
         3    R: 8
   16 ) 56
        48
         8
```

367
```
         4    R: 5
   17 ) 73
        68
         5
```

368
```
         4    R: 7
   17 ) 75
        68
         7
```

369
```
         4    R: 4
   15 ) 64
        60
         4
```

370
```
         5    R: 3
   14 ) 73
        70
         3
```

371

```
        4    R: 11
17 ) 79
       68
       11
```

372

```
        3    R: 8
18 ) 62
       54
        8
```

373

```
        3    R: 5
15 ) 50
       45
        5
```

374

```
        4    R: 8
17 ) 76
       68
        8
```

375

```
        3    R: 13
18 ) 67
       54
       13
```

376

```
          3    R: 6
    16 ) 54
         48
          6
```

377

```
          5    R: 1
    13 ) 66
         65
          1
```

378

```
          4    R: 4
    16 ) 68
         64
          4
```

379

```
          5    R: 11
    12 ) 71
         60
         11
```

380

```
          3    R: 9
    14 ) 51
         42
          9
```

381

```
      2    R: 17
18 ) 53
     36
     17
```

382

```
      2    R: 13
18 ) 49
     36
     13
```

383

```
      5    R: 4
13 ) 69
     65
      4
```

384

```
      4    R: 6
17 ) 74
     68
      6
```

385

```
      5    R: 2
13 ) 67
     65
      2
```

386

```
        5    R: 8
   12 ) 68
        60
         8
```

387

```
        4    R: 9
   12 ) 57
        48
         9
```

388

```
        3    R: 12
   14 ) 54
        42
        12
```

389

```
        3    R: 8
   15 ) 53
        45
         8
```

390

```
        4    R: 4
   14 ) 60
        56
         4
```

391

```
        6    R: 6
   12 ) 78
        72
         6
```

392

```
        5    R: 1
   14 ) 71
        70
         1
```

393

```
        4    R: 6
   12 ) 54
        48
         6
```

394

```
        3    R: 12
   18 ) 66
        54
        12
```

395

```
        2    R: 14
   18 ) 50
        36
        14
```

396

```
       3     R: 14
 15 ) 59
      45
      14
```

397

```
       5    R: 5
 14 ) 75
      70
       5
```

398

```
       3     R: 7
 18 ) 61
      54
       7
```

399

```
       4     R: 12
 16 ) 76
      64
      12
```

400

```
       3     R: 13
 17 ) 64
      51
      13
```

401
```
        3    R: 7
   14 ) 49
        42
         7
```

402
```
        2    R: 15
   18 ) 51
        36
        15
```

403
```
        3    R: 14
   16 ) 62
        48
        14
```

404
```
        3    R: 1
   16 ) 49
        48
         1
```

405
```
        3    R: 14
   17 ) 65
        51
        14
```

406

```
          5     R: 3
    15 ) 78
         75
          3
```

407

```
          3     R: 13
    14 ) 55
         42
         13
```

408

```
          4     R: 11
    13 ) 63
         52
         11
```

409

```
          3     R: 2
    16 ) 50
         48
          2
```

410

```
          4     R: 8
    14 ) 64
         56
          8
```

411

```
         2    R: 12
   18 ) 48
        36
        12
```

412

```
         4    R: 11
   16 ) 75
        64
        11
```

413

```
         4    R: 5
   18 ) 77
        72
         5
```

414

```
         4    R: 10
   14 ) 66
        56
        10
```

415

```
         3    R: 9
   16 ) 57
        48
         9
```

416

```
        5     R: 5
   15 ) 80
        75
         5
```

417

```
        3     R: 1
   18 ) 55
        54
         1
```

418

```
        5     R: 6
   13 ) 71
        65
         6
```

419

```
        5     R: 11
   13 ) 76
        65
        11
```

420

```
        5     R: 1
   12 ) 61
        60
         1
```

421

```
       4    R: 14
15 ) 74
      60
      14
```

422

```
       5    R: 5
13 ) 70
      65
       5
```

423

```
       4    R: 5
12 ) 53
      48
       5
```

424

```
       3    R: 11
15 ) 56
      45
      11
```

425

```
       3    R: 3
16 ) 51
      48
       3
```

426

```
        3    R: 5
  16 ) 53
       48
        5
```

427

```
        3    R: 16
  17 ) 67
       51
       16
```

428

```
        4    R: 9
  13 ) 61
       52
        9
```

429

```
        4    R: 6
  13 ) 58
       52
        6
```

430

```
        5    R: 7
  12 ) 67
       60
        7
```

431

```
          3    R: 6
   14 ) 48
        42
         6
```

432

```
          5    R: 6
   14 ) 76
        70
         6
```

433

```
          4    R: 11
   14 ) 67
        56
        11
```

434

```
          3    R: 5
   18 ) 59
        54
         5
```

435

```
          4    R: 1
   16 ) 65
        64
         1
```

436

```
         2     R: 15
   17 ) 49
        34
        15
```

437

```
         4     R: 4
   18 ) 76
        72
         4
```

438

```
         3     R: 5
   17 ) 56
        51
         5
```

439

```
         3     R: 6
   18 ) 60
        54
         6
```

440

```
         4     R: 8
   15 ) 68
        60
         8
```

441
```
        4    R: 2
14 ) 58
     56
      2
```

442
```
        2    R: 16
18 ) 52
     36
     16
```

443
```
        5    R: 3
12 ) 63
     60
      3
```

444
```
        3    R: 14
18 ) 68
     54
     14
```

445
```
        3    R: 7
15 ) 52
     45
      7
```

446
```
        4    R: 7
15 ) 67
     60
      7
```

447
```
        6    R: 2
13 ) 80
     78
      2
```

448
```
        4    R: 2
18 ) 74
     72
      2
```

449
```
        4    R: 3
14 ) 59
     56
      3
```

450
```
        4    R: 1
12 ) 49
     48
      1
```

451
```
       4    R: 3
  16 ) 67
       64
        3
```

452
```
       4    R: 10
  13 ) 62
       52
       10
```

453
```
       4    R: 11
  15 ) 71
       60
       11
```

454
```
       6    R: 1
  13 ) 79
       78
        1
```

455
```
       3    R: 12
  17 ) 63
       51
       12
```

456
```
          5    R: 2
    12 ) 62
         60
          2
```

457
```
          5    R: 12
    13 ) 77
         65
         12
```

458
```
          5    R: 10
    14 ) 80
         70
         10
```

459
```
          4    R: 7
    16 ) 71
         64
          7
```

460
```
          4    R: 10
    15 ) 70
         60
         10
```

461
```
         3    R: 13
   15 ) 58
        45
        13
```

462
```
         5    R: 6
   12 ) 66
        60
         6
```

463
```
         5    R: 9
   13 ) 74
        65
         9
```

464
```
         3    R: 1
   17 ) 52
        51
         1
```

465
```
         4    R: 13
   15 ) 73
        60
        13
```

466

```
         3    R: 9
   17 ) 60
        51
         9
```

467

```
         4    R: 8
   18 ) 80
        72
         8
```

468

```
         4    R: 5
   14 ) 61
        56
         5
```

469

```
         4    R: 8
   16 ) 72
        64
         8
```

470

```
         4    R: 8
   13 ) 60
        52
         8
```

471

```
         2    R: 16
    17 ) 50
         34
         16
```

472

```
         3    R: 11
    14 ) 53
         42
         11
```

473

```
         2    R: 14
    17 ) 48
         34
         14
```

474

```
         4    R: 3
    18 ) 75
         72
          3
```

475

```
         4    R: 3
    12 ) 51
         48
          3
```

476

```
        5    R: 9
   14 ) 79
        70
         9
```

477

```
        4    R: 1
   15 ) 61
        60
         1
```

478

```
        5    R: 4
   14 ) 74
        70
         4
```

479

```
        4    R: 13
   14 ) 69
        56
        13
```

480

```
        3    R: 10
   16 ) 58
        48
        10
```

481
```
         5    R: 4
   15 ) 79
        75
         4
```

482
```
         4    R: 2
   12 ) 50
        48
         2
```

483
```
         4    R: 10
   16 ) 74
        64
        10
```

484
```
         3    R: 9
   15 ) 54
        45
         9
```

485
```
         6    R: 5
   12 ) 77
        72
         5
```

486

```
         4    R: 10
    12 ) 58
         48
         10
```

487

```
         3    R: 15
    17 ) 66
         51
         15
```

488

```
         4    R: 7
    18 ) 79
         72
          7
```

489

```
         3    R: 8
    17 ) 59
         51
          8
```

490

```
         4    R: 1
    17 ) 69
         68
          1
```

491

```
         5    R: 2
   21 )107
        105
          2
```

492

```
         3    R: 21
   23 )90
        69
        21
```

493

```
         4    R: 3
   19 )79
        76
         3
```

494

```
         3    R: 20
   25 )95
        75
        20
```

495

```
         3    R: 19
   25 )94
        75
        19
```

496

$$\begin{array}{r} 2\text{R: }20 \\ 24\,\overline{)\,68} \\ \underline{48} \\ 20 \end{array}$$

497

$$\begin{array}{r} 5\text{R: }17 \\ 20\,\overline{)\,117} \\ \underline{100} \\ 17 \end{array}$$

498

$$\begin{array}{r} 5\text{R: }6 \\ 18\,\overline{)\,96} \\ \underline{90} \\ 6 \end{array}$$

499

$$\begin{array}{r} 5\text{R: }10 \\ 18\,\overline{)\,100} \\ \underline{90} \\ 10 \end{array}$$

500

$$\begin{array}{r} 4\text{R: }12 \\ 25\,\overline{)\,112} \\ \underline{100} \\ 12 \end{array}$$

1
```
          3.25
     8 )26.00
        24
          20
          16
          40
```

2
```
          4.57
     7 )32.00
        28
          40
          35
          50
```

3
```
         12.33
     3 )37.00
        36
          10
           9
          10
```

4
```
         11.66
     3 )35.00
        33
          20
          18
          20
```

5
```
          9.5
     4 )38.00
        36
          20
          20
           0
```

6.
```
        8.8
  5 )44.00
      40
       40
       40
        0
```

7.
```
       11.25
  4 )45.00
      44
       10
        8
       20
```

8.
```
       17.5
  2 )35.00
      34
       10
       10
        0
```

9.
```
       7.33
  6 )44.00
      42
       20
       18
       20
```

10.
```
       3.42
  7 )24.00
      21
       30
       28
       20
```

11
```
      14.66
  3 )44.00
     42
      20
      18
      20
```

12
```
       3.71
   7 )26.00
      21
       50
       49
       10
```

13
```
       5.16
   6 )31.00
      30
       10
        6
       40
```

14
```
       6.16
   6 )37.00
      36
       10
        6
       40
```

15
```
        4.14
  7 )29.00
     28
      10
       7
      30
```

16
```
        3.62
   8 )29.00
       24
        50
        48
        20
```

17
```
        6.75
   4 )27.00
       24
        30
        28
        20
```

18
```
        6.2
   5 )31.00
       30
        10
        10
         0
```

19
```
        3.5
   8 )28.00
       24
        40
        40
         0
```

20
```
        5.71
   7 )40.00
       35
        50
        49
        10
```

21
```
       4.75
 8 )38.00
     32
        60
        56
        40
```

22
```
       4.16
 6 )25.00
     24
        10
         6
        40
```

23
```
       5.57
 7 )39.00
     35
        40
        35
        50
```

24
```
       7.66
 6 )46.00
     42
        40
        36
        40
```

25
```
       6.25
 4 )25.00
     24
        10
         8
        20
```

26
```
        6.33
6 ) 38.00
       36
         20
         18
         20
```

27
```
        6.4
5 ) 32.00
       30
         20
         20
          0
```

28
```
        5.62
8 ) 45.00
       40
         50
         48
         20
```

29
```
        9.33
3 ) 28.00
       27
         10
          9
         10
```

30
```
        9.2
5 ) 46.00
       45
         10
         10
          0
```

31
```
        6.28
7 ) 44.00
     42
        20
        14
        60
```

32
```
        6.85
7 ) 48.00
     42
        60
        56
        40
```

33
```
        5.5
8 ) 44.00
     40
        40
        40
         0
```

34
```
        5.85
7 ) 41.00
     35
        60
        56
        40
```

35
```
       16.5
2 ) 33.00
     32
        10
        10
         0
```

36
```
        7.5
6 ) 45.00
       42
        30
        30
         0
```

37
```
        3.12
8 ) 25.00
       24
        10
         8
        20
```

38
```
        4.85
7 ) 34.00
       28
        60
        56
        40
```

39
```
        7.4
5 ) 37.00
       35
        20
        20
         0
```

40
```
        3.87
8 ) 31.00
       24
        70
        64
        60
```

41
```
        4.28
7 )30.00
       28
          20
          14
          60
```

42
```
        9.25
4 )37.00
       36
          10
           8
          20
```

43
```
        5.87
8 )47.00
       40
          70
          64
          60
```

44
```
        4.12
8 )33.00
       32
          10
           8
          20
```

45
```
       14.33
3 )43.00
       42
          10
           9
          10
```

46
```
        6.66
6 ) 40.00
      36
       40
       36
       40
```

47
```
        6.71
7 ) 47.00
      42
       50
       49
       10
```

48
```
        6.83
6 ) 41.00
      36
       50
       48
       20
```

49
```
       11.5
4 ) 46.00
      44
       20
       20
        0
```

50
```
       10.66
3 ) 32.00
      30
       20
       18
       20
```

51
```
        5.12
8 ) 41.00
       40
        10
         8
        20
```

52
```
        8.2
5 ) 41.00
       40
        10
        10
         0
```

53
```
        5.4
5 ) 27.00
       25
        20
        20
         0
```

54
```
       20.5
2 ) 41.00
       40
        10
        10
         0
```

55
```
        7.83
6 ) 47.00
       42
        50
        48
        20
```

56
```
       19.5
 2 )39.00
       38
        10
        10
         0
```

57
```
       3.85
 7 )27.00
       21
        60
        56
        40
```

58
```
       5.28
 7 )37.00
       35
        20
        14
        60
```

59
```
      10.33
 3 )31.00
      30
       10
        9
       10
```

60
```
       9.66
 3 )29.00
       27
        20
        18
        20
```

61
```
         7.8
5 ) 39.00
     35
        40
        40
         0
```

62
```
         7.75
4 ) 31.00
     28
        30
        28
        20
```

63
```
         4.71
7 ) 33.00
     28
        50
        49
        10
```

64
```
        10.25
4 ) 41.00
     40
        10
         8
        20
```

65
```
        15.5
2 ) 31.00
     30
        10
        10
         0
```

66
```
        8.75
4 ) 35.00
      32
       30
       28
        20
```

67
```
        9.4
5 ) 47.00
      45
       20
       20
        0
```

68
```
       22.5
2 ) 45.00
      44
       10
       10
        0
```

69
```
        6.5
6 ) 39.00
      36
       30
       30
        0
```

70
```
        5.37
8 ) 43.00
      40
       30
       24
       60
```

71
```
          5.75
   8 )46.00
        40
          60
          56
          40
```

72
```
          4.5
   6 )27.00
        24
          30
          30
           0
```

73
```
         10.5
   4 )42.00
        40
          20
          20
           0
```

74
```
          7.6
   5 )38.00
        35
          30
          30
           0
```

75
```
          5.66
   6 )34.00
        30
          40
          36
          40
```

76
```
          10.75
    4 )43.00
          40
           30
           28
           20
```

77
```
          4.42
    7 )31.00
          28
           30
           28
           20
```

78
```
          8.6
    5 )43.00
          40
           30
           30
            0
```

79
```
          9.6
    5 )48.00
          45
           30
           30
            0
```

80
```
          8.5
    4 )34.00
          32
           20
           20
            0
```

81
```
        7.25
4 ) 29.00
     28
       10
        8
       20
```

82
```
        8.4
5 ) 42.00
     40
       20
       20
        0
```

83
```
        4.66
6 ) 28.00
     24
       40
       36
       40
```

84
```
        5.25
8 ) 42.00
     40
       20
       16
       40
```

85
```
       12.66
3 ) 38.00
     36
       20
       18
       20
```

86
```
        8.33
3 ) 25.00
      24
       10
        9
       10
```

87
```
        4.25
8 ) 34.00
      32
       20
       16
       40
```

88
```
        6.8
5 ) 34.00
      30
       40
       40
        0
```

89
```
        9.75
4 ) 39.00
      36
       30
       28
       20
```

90
```
        4.5
8 ) 36.00
      32
       40
       40
        0
```

91
```
        14.5
2 ) 29.00
      28
        10
        10
         0
```

92
```
        15.66
3 ) 47.00
      45
        20
        18
        20
```

93
```
         4.87
8 ) 39.00
      32
        70
        64
        60
```

94
```
         6.42
7 ) 45.00
      42
        30
        28
        20
```

95
```
         3.37
8 ) 27.00
      24
        30
        24
        60
```

96
```
         3.75
    8 )30.00
        24
         60
         56
         40
```

97
```
         23.5
    2 )47.00
        46
         10
         10
          0
```

98
```
         5.5
    6 )33.00
        30
         30
         30
          0
```

99
```
         7.5
    4 )30.00
        28
         20
         20
          0
```

100
```
         5.6
    5 )28.00
        25
         30
         30
          0
```

101
```
      15.33
 3 )46.00
     45
      10
       9
      10
```

102
```
      21.5
 2 )43.00
     42
      10
      10
       0
```

103
```
       6.6
 5 )33.00
     30
      30
      30
       0
```

104
```
      18.5
 2 )37.00
     36
      10
      10
       0
```

105
```
       4.83
 6 )29.00
     24
      50
      48
      20
```

106
```
        6.57
  7 )46.00
       42
        40
        35
        50
```

107
```
        3.57
  7 )25.00
       21
        40
        35
        50
```

108
```
        5.42
  7 )38.00
       35
        30
        28
        20
```

109
```
        5.2
  5 )26.00
       25
        10
        10
         0
```

110
```
        5.83
  6 )35.00
       30
        50
        48
        20
```

111
```
        8.25
    4 )33.00
       32
          10
           8
          20
```

112
```
        4.37
    8 )35.00
       32
          30
          24
          60
```

113
```
        12.5
    2 )25.00
       24
          10
          10
           0
```

114
```
        5.14
    7 )36.00
       35
          10
           7
          30
```

115
```
        6.5
    4 )26.00
       24
          20
          20
           0
```

116
```
        5.33
  6 )32.00
       30
        20
        18
        20
```

117
```
       11.33
  3 )34.00
       33
        10
         9
        10
```

118
```
        4.62
  8 )37.00
       32
        50
        48
        20
```

119
```
       11.75
  4 )47.00
       44
        30
        28
        20
```

120
```
       13.33
  3 )40.00
       39
        10
         9
        10
```

121
```
       8.66
   3 )26.00
       24
        20
        18
        20
```

122
```
       5.8
   5 )29.00
       25
        40
        40
         0
```

123
```
       7.2
   5 )36.00
       35
        10
        10
         0
```

124
```
       7.16
   6 )43.00
       42
        10
         6
        40
```

125
```
      13.66
   3 )41.00
       39
        20
        18
        20
```

126
```
        4.8
5 ) 24.00
     20
      40
      40
       0
```

127
```
        4.33
6 ) 26.00
     24
      20
      18
      20
```

128
```
       13.5
2 ) 27.00
     26
      10
      10
       0
```

129
```
        6.14
7 ) 43.00
     42
      10
       7
      30
```

130
```
        8.14
7 ) 57.00
     56
      10
       7
      30
```

131
```
        5.87
    8 )47.00
       40
        70
        64
        60
```

132
```
        5.09
   11 )56.00
       55
        10
         0
        100
```

133
```
        3.25
   12 )39.00
       36
        30
        24
        60
```

134
```
        4.9
   10 )49.00
       40
        90
        90
         0
```

135
```
        4.41
   12 )53.00
       48
        50
        48
        20
```

136
```
         4.3
10 ) 43.00
     40
        30
        30
         0
```

137
```
         4.18
11 ) 46.00
     44
        20
        11
        90
```

138
```
        3.88
9 ) 35.00
    27
       80
       72
       80
```

139
```
         3.08
12 ) 37.00
     36
        10
         0
       100
```

140
```
         4.9
11 ) 54.00
     44
       100
        99
        10
```

141
```
        5.3
10 ) 53.00
     50
        30
        30
         0
```

142
```
       6.11
9 ) 55.00
    54
       10
        9
       10
```

143
```
        4.08
12 ) 49.00
     48
        10
         0
        100
```

144
```
        3.83
12 ) 46.00
     36
        100
         96
         40
```

145
```
       7.42
7 ) 52.00
    49
       30
       28
       20
```

146
```
        6.25
8 ) 50.00
     48
      20
      16
      40
```

147
```
        4.77
9 ) 43.00
     36
      70
      63
      70
```

148
```
        4.33
9 ) 39.00
     36
      30
      27
      30
```

149
```
         3.16
12 ) 38.00
      36
       20
       12
       80
```

150
```
         4.45
11 ) 49.00
      44
       50
       44
       60
```

151
```
         4.8
10 ) 48.00
     40
        80
        80
         0
```

152
```
        7.12
8 ) 57.00
    56
       10
        8
       20
```

153
```
         4.4
10 ) 44.00
     40
        40
        40
         0
```

154
```
        4.33
12 ) 52.00
     48
        40
        36
        40
```

155
```
        5.14
7 ) 36.00
    35
       10
        7
       30
```

156
```
        7.28
7 ) 51.00
     49
      20
      14
      60
```

157
```
        6.5
6 ) 39.00
     36
      30
      30
       0
```

158
```
        5.12
8 ) 41.00
     40
      10
       8
      20
```

159
```
        6.83
6 ) 41.00
     36
      50
      48
      20
```

160
```
         3.75
12 ) 45.00
      36
       90
       84
       60
```

161
```
        5.42
7 ) 38.00
      35
         30
         28
         20
```

162
```
        5.1
10 ) 51.00
      50
         10
         10
          0
```

163
```
        8.33
6 ) 50.00
      48
         20
         18
         20
```

164
```
        7.14
7 ) 50.00
      49
         10
          7
         30
```

165
```
        7.5
6 ) 45.00
      42
         30
         30
          0
```

166
```
        4.87
8 )39.00
     32
        70
        64
        60
```

167
```
         9.5
6 )57.00
     54
        30
        30
         0
```

168
```
        6.71
7 )47.00
     42
        50
        49
        10
```

169
```
        6.14
7 )43.00
     42
        10
         7
        30
```

170
```
         3.5
12 )42.00
     36
        60
        60
         0
```

171
```
         3.8
    10 )38.00
         30
          80
          80
           0
```

172
```
         7.71
    7 )54.00
        49
         50
         49
         10
```

173
```
         4.7
    10 )47.00
         40
          70
          70
           0
```

174
```
         5.55
    9 )50.00
        45
         50
         45
         50
```

175
```
         4.58
    12 )55.00
         48
          70
          60
         100
```

176
```
          4.63
    11 ) 51.00
         44
          70
          66
          40
```

177
```
          5.2
    10 ) 52.00
         50
          20
          20
           0
```

178
```
          3.36
    11 ) 37.00
         33
          40
          33
          70
```

179
```
          4.75
    12 ) 57.00
         48
          90
          84
          60
```

180
```
          4.72
    11 ) 52.00
         44
          80
          77
          30
```

181
```
        5.22
   9 )47.00
        45
         20
         18
         20
```

182
```
         2.91
   12 )35.00
         24
          110
          108
           20
```

183
```
        9.66
   6 )58.00
        54
         40
         36
         40
```

184
```
        6.22
   9 )56.00
        54
         20
         18
         20
```

185
```
        5.11
   9 )46.00
        45
         10
          9
         10
```

186
```
        4.11
9 ) 37.00
     36
      10
       9
      10
```

187
```
        3.54
11 ) 39.00
     33
      60
      55
      50
```

188
```
        5.83
6 ) 35.00
     30
      50
      48
      20
```

189
```
        4.44
9 ) 40.00
     36
      40
      36
      40
```

190
```
        5.66
9 ) 51.00
     45
      60
      54
      60
```

191
```
        7.85
7 ) 55.00
      49
        60
        56
        40
```

192
```
        6.28
7 ) 44.00
      42
        20
        14
        60
```

193
```
        8.28
7 ) 58.00
      56
        20
        14
        60
```

194
```
        6.66
6 ) 40.00
      36
        40
        36
        40
```

195
```
        4.75
8 ) 38.00
      32
        60
        56
        40
```

196
```
        9.33
6 )56.00
      54
       20
       18
       20
```

197
```
        5.62
8 )45.00
      40
       50
       48
       20
```

198
```
         5.18
11 )57.00
      55
       20
       11
       90
```

199
```
        6.44
9 )58.00
      54
       40
       36
       40
```

200
```
         3.66
12 )44.00
      36
       80
       72
       80
```

201
```
        6.42
  7 )45.00
      42
       30
       28
       20
```

202
```
        6.85
  7 )48.00
      42
       60
       56
       40
```

203
```
        5.77
  9 )52.00
      45
       70
       63
       70
```

204
```
        6.37
  8 )51.00
      48
       30
       24
       60
```

205
```
        7.66
  6 )46.00
      42
       40
       36
       40
```

206
```
         5.27
11 ) 58.00
     55
        30
        22
        80
```

207
```
         4.5
10 ) 45.00
     40
        50
        50
         0
```

208
```
         8.16
6 ) 49.00
    48
       10
        6
       40
```

209
```
         5.7
10 ) 57.00
     50
        70
        70
         0
```

210
```
         6.57
7 ) 46.00
    42
       40
       35
       50
```

211
```
          3.7
    10 )37.00
         30
          70
          70
           0
```

212
```
          8.5
     6 )51.00
         48
          30
          30
           0
```

213
```
          4.1
    10 )41.00
         40
          10
          10
           0
```

214
```
          5.71
     7 )40.00
         35
          50
          49
           10
```

215
```
          3.27
    11 )36.00
         33
          30
          22
          80
```

216
```
         3.63
11 ) 40.00
       33
        70
        66
        40
```

217
```
         3.72
11 ) 41.00
       33
        80
        77
        30
```

218
```
         4.16
12 ) 50.00
       48
        20
        12
        80
```

219
```
        5.75
8 ) 46.00
      40
       60
       56
       40
```

220
```
        6.33
6 ) 38.00
      36
       20
       18
       20
```

221
```
        4.55
   9 )41.00
        36
         50
         45
         50
```

222
```
        6.75
   8 )54.00
        48
         60
         56
         40
```

223
```
        6.12
   8 )49.00
        48
         10
          8
         20
```

224
```
        4.81
  11 )53.00
        44
         90
         88
         20
```

225
```
        4.54
  11 )50.00
        44
         60
         55
         50
```

226
```
         3.91
    12 )47.00
        36
        ‾‾
        110
        108
        ‾‾‾
         20
```

227
```
         8.83
     6 )53.00
        48
        ‾‾
        50
        48
        ‾‾
        20
```

228
```
         4.22
     9 )38.00
        36
        ‾‾
         20
         18
         ‾‾
         20
```

229
```
         4.5
     8 )36.00
        32
        ‾‾
         40
         40
         ‾‾
          0
```

230
```
         5.44
     9 )49.00
        45
        ‾‾
         40
         36
         ‾‾
         40
```

231
```
         7.57
    7 )53.00
         49
          40
          35
          50
```

232
```
          3.9
    10 )39.00
          30
           90
           90
            0
```

233
```
         9.16
    6 )55.00
         54
          10
           6
          40
```

234
```
         5.28
    7 )37.00
         35
          20
          14
          60
```

235
```
         5.57
    7 )39.00
         35
          40
          35
          50
```

236
```
        3.5
10 ) 35.00
       30
        50
        50
         0
```

237
```
       5.25
8 ) 42.00
      40
       20
       16
       40
```

238
```
        3.81
11 ) 42.00
       33
        90
        88
        20
```

239
```
       4.66
12 ) 56.00
      48
       80
       72
       80
```

240
```
        3.6
10 ) 36.00
       30
        60
        60
         0
```

241
```
        5.88
   9 )53.00
        45
         80
         72
         80
```

242
```
        4.27
  11 )47.00
        44
         30
         22
         80
```

243
```
        6.33
   9 )57.00
        54
         30
         27
         30
```

244
```
        4.66
   9 )42.00
        36
         60
         54
         60
```

245
```
        6.5
   8 )52.00
        48
         40
         40
          0
```

246
```
         3.18
11 ) 35.00
       33
        20
        11
        90
```

247
```
         5.8
10 ) 58.00
       50
        80
        80
         0
```

248
```
         4.36
11 ) 48.00
       44
        40
        33
        70
```

249
```
         7.83
 6 ) 47.00
       42
        50
        48
        20
```

250
```
         6.62
 8 ) 53.00
       48
        50
        48
        20
```

251
```
        5.6
10 )56.00
     50
      60
      60
       0
```

252
```
        5.5
10 )55.00
     50
      50
      50
       0
```

253
```
       4.37
8 )35.00
    32
     30
     24
     60
```

254
```
       7.25
8 )58.00
    56
     20
     16
     40
```

255
```
        3.9
11 )43.00
     33
     100
      99
      10
```

256
```
         6.16
6 ) 37.00
     36
      10
       6
      40
```

257
```
          4.2
10 ) 42.00
     40
      20
      20
       0
```

258
```
         5.37
8 ) 43.00
     40
      30
      24
      60
```

259
```
         5.85
7 ) 41.00
     35
      60
      56
      40
```

260
```
          5.4
10 ) 54.00
     50
      40
      40
       0
```

261
```
        3.33
12 ) 40.00
     36
        40
        36
        40
```

262
```
        4.25
12 ) 51.00
     48
        30
        24
        60
```

263
```
       7.33
6 ) 44.00
    42
       20
       18
       20
```

264
```
        3.58
12 ) 43.00
     36
        70
        60
       100
```

265
```
        3.45
11 ) 38.00
     33
        50
        44
        60
```

266
```
        8.66
6 )52.00
      48
        40
        36
         40
```

267
```
         3.41
12 )41.00
      36
        50
        48
         20
```

268
```
        5.33
9 )48.00
     45
       30
       27
        30
```

269
```
        4.88
9 )44.00
     36
       80
       72
        80
```

270
```
        4.62
8 )37.00
     32
       50
       48
        20
```

271
```
        6.87
    8 )55.00
        48
         70
         64
         60
```

272
```
        5.5
    8 )44.00
        40
         40
         40
          0
```

273
```
         4.5
   12 )54.00
        48
         60
         60
          0
```

274
```
         4.83
   12 )58.00
        48
        100
         96
         40
```

275
```
        7.16
    6 )43.00
        42
         10
          6
         40
```

276
```
         4.6
10 ) 46.00
     40
        60
        60
         0
```

277
```
         3.23
17 ) 55.00
     51
        40
        34
        60
```

278
```
         4.4
15 ) 66.00
     60
        60
        60
         0
```

279
```
         3.26
15 ) 49.00
     45
        40
        30
       100
```

280
```
         5.5
14 ) 77.00
     70
        70
        70
         0
```

281
```
        4.37
16 ) 70.00
     64
        60
        48
       120
```

282
```
        4.52
17 ) 77.00
     68
        90
        85
        50
```

283
```
        4.85
14 ) 68.00
     56
       120
       112
        80
```

284
```
        4.5
14 ) 63.00
     56
        70
        70
         0
```

285
```
        4.12
16 ) 66.00
     64
        20
        16
        40
```

286
```
         4.23
    17 )72.00
        68
         40
         34
         60
```

287
```
         5.33
    12 )64.00
        60
         40
         36
         40
```

288
```
         4.6
    15 )69.00
        60
         90
         90
          0
```

289
```
         3.71
    14 )52.00
        42
        100
         98
         20
```

290
```
         3.17
    17 )54.00
        51
         30
         17
        130
```

291
```
         3.57
14 ) 50.00
      42
         80
         70
        100
```

292
```
         3.68
16 ) 59.00
      48
        110
         96
        140
```

293
```
         5.06
15 ) 76.00
      75
         10
          0
        100
```

294
```
         6.16
12 ) 74.00
      72
         20
         12
         80
```

295
```
         4.33
12 ) 52.00
      48
         40
         36
         40
```

296
```
        4.23
13 ) 55.00
     52
       30
       26
       40
```

297
```
        4.81
16 ) 77.00
     64
      130
      128
       20
```

298
```
        3.69
13 ) 48.00
     39
       90
       78
      120
```

299
```
        3.66
15 ) 55.00
     45
      100
       90
      100
```

300
```
        4.93
16 ) 79.00
     64
      150
      144
       60
```

301
```
        3.25
16 ) 52.00
     48
        40
        32
        80
```

302
```
        4.53
13 ) 59.00
     52
        70
        65
        50
```

303
```
        5.23
13 ) 68.00
     65
        30
        26
        40
```

304
```
        3.64
17 ) 62.00
     51
       110
       102
        80
```

305
```
        4.2
15 ) 63.00
     60
        30
        30
         0
```

```
306
           3.94
    18 ) 71.00
           54
           170
           162
            80

307
           3.81
    16 ) 61.00
           48
           130
           128
            20

308
           4.05
    18 ) 73.00
           72
           10
            0
           100

309
           3.83
    18 ) 69.00
           54
           150
           144
            60

310
           4.66
    12 ) 56.00
           48
           80
           72
           80
```

311
```
        3.11
17 ) 53.00
     51
        20
        17
        30
```

312
```
        3.55
18 ) 64.00
     54
       100
        90
       100
```

313
```
        6.08
12 ) 73.00
     72
        10
         0
       100
```

314
```
        4.31
16 ) 69.00
     64
        50
        48
        20
```

315
```
        5.41
12 ) 65.00
     60
        50
        48
        20
```

316
```
        4.17
17 )71.00
       68
        30
        17
       130
```

317
```
        4.56
16 )73.00
       64
        90
        80
       100
```

318
```
        5.76
13 )75.00
       65
       100
        91
        90
```

319
```
        3.88
18 )70.00
       54
       160
       144
       160
```

320
```
        6.58
12 )79.00
       72
        70
        60
       100
```

321
```
         5.57
    14 )78.00
        70
         80
         70
        100
```

322
```
         3.43
    16 )55.00
        48
         70
         64
         60
```

323
```
         3.84
    13 )50.00
        39
        110
        104
         60
```

324
```
         3.8
    15 )57.00
        45
        120
        120
          0
```

325
```
         3.16
    18 )57.00
        54
         30
         18
        120
```

326
```
        5.53
13 )72.00
     65
      70
      65
      50
```

327
```
        4.7
17 )80.00
     68
     120
     119
      10
```

328
```
        4.33
18 )78.00
     72
      60
      54
      60
```

329
```
        4.15
13 )54.00
     52
      20
      13
      70
```

330
```
        5.13
15 )77.00
     75
      20
      15
      50
```

331
```
        3.41
17 ) 58.00
     51
        70
        68
        20
```

332
```
        3.11
18 ) 56.00
     54
        20
        18
        20
```

333
```
        5.61
13 ) 73.00
     65
        80
        78
        20
```

334
```
        4.64
14 ) 65.00
     56
        90
        84
        60
```

335
```
        4.33
15 ) 65.00
     60
        50
        45
        50
```

336
```
          5.14
    14 )72.00
          70
           20
           14
           60
```

337
```
          4.87
    16 )78.00
          64
          140
          128
          120
```

338
```
          4.13
    15 )62.00
          60
           20
           15
           50
```

339
```
           3.2
    15 )48.00
          45
           30
           30
            0
```

340
```
          4.91
    12 )59.00
          48
          110
          108
           20
```

341
```
        6.25
12 )75.00
     72
        30
        24
        60
```

342
```
        6.33
12 )76.00
     72
        40
        36
        40
```

343
```
        5.83
12 )70.00
     60
        100
         96
         40
```

344
```
        3.35
17 )57.00
     51
        60
        51
        90
```

345
```
        3.58
17 )61.00
     51
        100
         85
        150
```

346
```
         3.4
15 )51.00
     45
      60
      60
       0
```

347
```
         4.11
17 )70.00
     68
      20
      17
      30
```

348
```
         4.92
13 )64.00
     52
     120
     117
      30
```

349
```
         5.75
12 )69.00
     60
      90
      84
      60
```

350
```
         4.07
14 )57.00
     56
      10
       0
     100
```

351
```
         6.66
    12 )80.00
        72
         80
         72
         80
```

352
```
         4.58
    12 )55.00
        48
         70
         60
        100
```

353
```
         4.42
    14 )62.00
        56
         60
         56
         40
```

354
```
         4.38
    13 )57.00
        52
         50
         39
        110
```

355
```
         4.3
    13 )56.00
        52
         40
         39
         10
```

356
```
         3.75
   16 ) 60.00
        48
         120
         112
          80
```

357
```
         4.58
   17 ) 78.00
        68
         100
          85
         150
```

358
```
         3.76
   13 ) 49.00
        39
         100
          91
          90
```

359
```
         4.07
   13 ) 53.00
        52
         10
          0
         100
```

360
```
         4.8
   15 ) 72.00
        60
         120
         120
           0
```

361
```
          3.5
     18 )63.00
         54
          90
          90
           0
```

362
```
          3.22
     18 )58.00
         54
          40
          36
          40
```

363
```
          3.92
     13 )51.00
         39
         120
         117
          30
```

364
```
          3.61
     18 )65.00
         54
         110
         108
          20
```

365
```
          3.93
     16 )63.00
         48
         150
         144
          60
```

366
```
          3.5
    16 )56.00
         48
          80
          80
           0
```

367
```
          4.29
    17 )73.00
         68
          50
          34
         160
```

368
```
          4.41
    17 )75.00
         68
          70
          68
          20
```

369
```
          4.26
    15 )64.00
         60
          40
          30
         100
```

370
```
          5.21
    14 )73.00
         70
          30
          28
          20
```

371
```
         4.64
    17 )79.00
        68
        110
        102
         80
```

372
```
         3.44
    18 )62.00
        54
         80
         72
         80
```

373
```
         3.33
    15 )50.00
        45
         50
         45
         50
```

374
```
         4.47
    17 )76.00
        68
         80
         68
        120
```

375
```
         3.72
    18 )67.00
        54
        130
        126
         40
```

376
```
            3.37
    16 ) 54.00
         48
          60
          48
         120
```

377
```
            5.07
    13 ) 66.00
         65
          10
           0
         100
```

378
```
            4.25
    16 ) 68.00
         64
          40
          32
          80
```

379
```
            5.91
    12 ) 71.00
         60
         110
         108
          20
```

380
```
            3.64
    14 ) 51.00
         42
          90
          84
          60
```

381
```
         2.94
18 ) 53.00
     36
        170
        162
         80
```

382
```
         2.72
18 ) 49.00
     36
        130
        126
         40
```

383
```
         5.3
13 ) 69.00
     65
        40
        39
        10
```

384
```
         4.35
17 ) 74.00
     68
        60
        51
        90
```

385
```
         5.15
13 ) 67.00
     65
        20
        13
        70
```

386
```
         5.66
    12 )68.00
         60
          80
          72
          80
```

387
```
         4.75
    12 )57.00
         48
          90
          84
          60
```

388
```
         3.85
    14 )54.00
         42
         120
         112
          80
```

389
```
         3.53
    15 )53.00
         45
          80
          75
          50
```

390
```
         4.28
    14 )60.00
         56
          40
          28
         120
```

391
```
        6.5
12 ) 78.00
     72
      60
      60
       0
```

392
```
        5.07
14 ) 71.00
     70
      10
       0
     100
```

393
```
        4.5
12 ) 54.00
     48
      60
      60
       0
```

394
```
        3.66
18 ) 66.00
     54
     120
     108
     120
```

395
```
        2.77
18 ) 50.00
     36
     140
     126
     140
```

396
```
          3.93
    15 )59.00
         45
          140
          135
           50
```

397
```
          5.35
    14 )75.00
         70
          50
          42
           80
```

398
```
          3.38
    18 )61.00
         54
          70
          54
          160
```

399
```
          4.75
    16 )76.00
         64
          120
          112
           80
```

400
```
          3.76
    17 )64.00
         51
          130
          119
          110
```

401
```
         3.5
    14 )49.00
         42
          70
          70
           0
```

402
```
         2.83
    18 )51.00
         36
         150
         144
          60
```

403
```
         3.87
    16 )62.00
         48
         140
         128
         120
```

404
```
         3.06
    16 )49.00
         48
          10
           0
         100
```

405
```
         3.82
    17 )65.00
         51
         140
         136
          40
```

406
```
          5.2
    15 )78.00
         75
          30
          30
           0
```

407
```
          3.92
    14 )55.00
         42
          130
          126
           40
```

408
```
          4.84
    13 )63.00
         52
          110
          104
           60
```

409
```
          3.12
    16 )50.00
         48
          20
          16
          40
```

410
```
          4.57
    14 )64.00
         56
          80
          70
          100
```

411
```
          2.66
    18 ) 48.00
         36
          120
          108
          120
```

412
```
          4.68
    16 ) 75.00
         64
          110
           96
          140
```

413
```
          4.27
    18 ) 77.00
         72
           50
           36
          140
```

414
```
          4.71
    14 ) 66.00
         56
          100
           98
           20
```

415
```
          3.56
    16 ) 57.00
         48
           90
           80
          100
```

416
```
         5.33
    15 )80.00
        75
         50
         45
         50
```

417
```
         3.05
    18 )55.00
        54
         10
          0
         100
```

418
```
         5.46
    13 )71.00
        65
         60
         52
         80
```

419
```
         5.84
    13 )76.00
        65
         110
         104
          60
```

420
```
         5.08
    12 )61.00
        60
         10
          0
         100
```

421
```
        4.93
15 ) 74.00
     60
        140
        135
         50
```

422
```
        5.38
13 ) 70.00
     65
        50
        39
       110
```

423
```
        4.41
12 ) 53.00
     48
        50
        48
        20
```

424
```
        3.73
15 ) 56.00
     45
       110
       105
        50
```

425
```
        3.18
16 ) 51.00
     48
        30
        16
       140
```

426
```
        3.31
16 )53.00
     48
      50
      48
      20
```

427
```
        3.94
17 )67.00
     51
      160
      153
       70
```

428
```
        4.69
13 )61.00
     52
      90
      78
      120
```

429
```
        4.46
13 )58.00
     52
      60
      52
      80
```

430
```
        5.58
12 )67.00
     60
      70
      60
      100
```

431
```
        3.42
14 ) 48.00
     42
        60
        56
        40
```

432
```
        5.42
14 ) 76.00
     70
        60
        56
        40
```

433
```
        4.78
14 ) 67.00
     56
       110
        98
       120
```

434
```
        3.27
18 ) 59.00
     54
        50
        36
       140
```

435
```
        4.06
16 ) 65.00
     64
        10
         0
       100
```

436
```
          2.88
    17 )49.00
         34
         150
         136
         140
```

437
```
          4.22
    18 )76.00
         72
          40
          36
          40
```

438
```
          3.29
    17 )56.00
         51
          50
          34
         160
```

439
```
          3.33
    18 )60.00
         54
          60
          54
          60
```

440
```
          4.53
    15 )68.00
         60
          80
          75
          50
```

441
```
         4.14
    14 )58.00
        56
         20
         14
         60
```

442
```
         2.88
    18 )52.00
        36
        160
        144
        160
```

443
```
         5.25
    12 )63.00
        60
         30
         24
         60
```

444
```
         3.77
    18 )68.00
        54
        140
        126
        140
```

445
```
         3.46
    15 )52.00
        45
         70
         60
        100
```

446
```
         4.46
   15 )67.00
        60
         70
         60
        100
```

447
```
         6.15
   13 )80.00
        78
         20
         13
         70
```

448
```
         4.11
   18 )74.00
        72
         20
         18
         20
```

449
```
         4.21
   14 )59.00
        56
         30
         28
         20
```

450
```
         4.08
   12 )49.00
        48
         10
          0
        100
```

451
```
        4.18
16 ) 67.00
     64
      30
      16
     140
```

452
```
        4.76
13 ) 62.00
     52
     100
      91
      90
```

453
```
        4.73
15 ) 71.00
     60
     110
     105
      50
```

454
```
        6.07
13 ) 79.00
     78
      10
       0
     100
```

455
```
        3.7
17 ) 63.00
     51
     120
     119
      10
```

456
```
         5.16
    12 )62.00
         60
         ——
          20
          12
          ——
          80
```

457
```
         5.92
    13 )77.00
         65
         ——
         120
         117
         ———
          30
```

458
```
         5.71
    14 )80.00
         70
         ——
         100
          98
         ——
          20
```

459
```
         4.43
    16 )71.00
         64
         ——
          70
          64
          ——
          60
```

460
```
         4.66
    15 )70.00
         60
         ——
         100
          90
         ——
         100
```

461
```
        3.86
15 )58.00
     45
     130
     120
     100
```

462
```
        5.5
12 )66.00
     60
     60
     60
      0
```

463
```
        5.69
13 )74.00
     65
     90
     78
     120
```

464
```
        3.05
17 )52.00
     51
     10
      0
     100
```

465
```
        4.86
15 )73.00
     60
     130
     120
     100
```

466
```
        3.52
17 )60.00
     51
      90
      85
      50
```

467
```
        4.44
18 )80.00
     72
      80
      72
      80
```

468
```
        4.35
14 )61.00
     56
      50
      42
      80
```

469
```
        4.5
16 )72.00
     64
      80
      80
       0
```

470
```
        4.61
13 )60.00
     52
      80
      78
      20
```

471
```
         2.94
    17 )50.00
         34
          160
          153
           70
```

472
```
         3.78
    14 )53.00
         42
          110
           98
          120
```

473
```
         2.82
    17 )48.00
         34
          140
          136
           40
```

474
```
         4.16
    18 )75.00
         72
           30
           18
          120
```

475
```
         4.25
    12 )51.00
         48
           30
           24
           60
```

476
```
          5.64
    14 )79.00
          70
           90
           84
           60
```

477
```
          4.06
    15 )61.00
          60
           10
            0
          100
```

478
```
          5.28
    14 )74.00
          70
           40
           28
          120
```

479
```
          4.92
    14 )69.00
          56
          130
          126
           40
```

480
```
          3.62
    16 )58.00
          48
          100
           96
           40
```

481
```
          5.26
    15 ) 79.00
         75
            40
            30
           100
```

482
```
          4.16
    12 ) 50.00
         48
            20
            12
            80
```

483
```
          4.62
    16 ) 74.00
         64
           100
            96
            40
```

484
```
          3.6
    15 ) 54.00
         45
            90
            90
             0
```

485
```
          6.41
    12 ) 77.00
         72
            50
            48
            20
```

486
```
          4.83
    12 )58.00
         48
          100
           96
           40
```

487
```
          3.88
    17 )66.00
         51
          150
          136
          140
```

488
```
          4.38
    18 )79.00
         72
           70
           54
          160
```

489
```
          3.47
    17 )59.00
         51
           80
           68
          120
```

490
```
          4.05
    17 )69.00
       68
           10
            0
          100
```

491
```
         5.09
    21 )107.00
        105
            20
             0
            200
```

492
```
          3.91
    23 )90.00
        69
          210
          207
             30
```

493
```
          4.15
    19 )79.00
        76
          30
          19
          110
```

494
```
         3.8
    25 )95.00
        75
          200
          200
             0
```

495
```
          3.76
    25 )94.00
        75
          190
          175
           150
```

496
```
        2.83
    24 )68.00
        48
        200
        192
            80
```

497
```
        5.85
    20 )117.00
        100
          170
          160
            100
```

498
```
        5.33
    18 )96.00
        90
         60
         54
           60
```

499
```
        5.55
    18 )100.00
        90
         100
          90
          100
```

500
```
        4.48
    25 )112.00
        100
         120
         100
           200
```

www.ingramcontent.com/pod-product-compliance
Lightning Source LLC
Chambersburg PA
CBHW031609210526
45464CB00004B/1501